MONOGRAPHIE

DE LA TRIBU

DES TORPÉDINIENS

OU

RAIES ÉLECTRIQUES

COMPRENANT

UN GENRE NOUVEAU, TROIS ESPÈCES NOUVELLES
ET DEUX ESPÈCES NOMMÉES DANS LE MUSÉE DE PARIS,
MAIS NON ENCORE DÉCRITES ;

PAR M. LE DOCTEUR

AUGUSTE DUMÉRIL,

Aide-Naturaliste au Muséum d'histoire naturelle, Professeur-agrégé à la Faculté de Médecine, Membre de la Société philomathique.

Extrait de la *Revue et Magasin de Zoologie.*
Mai 1852. — N° 5.

MONOGRAPHIE

SUR LA FAMILLE

DES TORPÉDINIENS

OU

POISSONS PLAGIOSTOMES ÉLECTRIQUES

Comprenant la description d'un genre nouveau, de 3 espèces nouvelles et de 2 espèces nommées dans le Musée de Paris, mais non encore décrites;

PAR M. A. DUMÉRIL.

Parmi les moyens d'attaque ou de défense dont sont pourvus certains Poissons, il n'en est pas de plus curieux ni de plus intéressants à étudier que les organes électriques.

I. *Le nombre des Poissons électriques est très-restreint.* — Quelques-uns des Poissons munis de cette arme redoutable étaient connus dans l'antiquité, et, de tout temps, ils ont fixé l'attention du vulgaire, surpris et effrayé de leur puissance en quelque sorte merveilleuse. Ils ont également excité la curiosité des zoologistes désireux de connaître l'appareil organique d'où s'échappe cette électricité, et d'en comprendre le mécanisme.

Mon but, dans ce travail, n'est pas de tracer l'historique des découvertes faites par les physiciens qui ont observé les phénomènes électriques chez les animaux, ni des progrès successifs des études anatomiques relatives à la structure intime des organes où ces phénomènes s'accomplissent. Cette double tâche a déjà été habilement remplie par plusieurs écrivains, et je me bornerai à indiquer les faits qui me paraissent les plus importants et les plus dignes d'intérêt.

C'est, au reste, aux dissertations d'Olfers, de MM. Henle, Savi et Ch. Bonaparte, plusieurs fois citées dans le cours de cette monographie, qu'il faut surtout recourir pour l'étude zoologique et anatomique des Torpilles. Les dissertations plus anciennes de Kæmpfer, contenues dans les œuvres de Valentin ; celle de Lorenzzini, celle de Pringle, traduite en latin par Langguth ; celle de ce dernier, *De Torp. veterum*, 1777, desquelles il m'est impossible de donner une analyse dans cette Revue, avaient appelé déjà, d'une manière très-remarquable, l'attention des naturalistes sur ces singuliers Poissons.

Si l'on cherche d'abord à se rendre compte du nombre des animaux qui sont ainsi doués du pouvoir d'exercer une action, jusqu'à un certain point analogue à celle de la foudre, sur ceux qu'ils craignent ou dont ils veulent s'emparer pour en faire leur nourriture, on voit que le nombre en est très-restreint.

C'est dans la classe des Poissons seulement qu'il y a de véritables appareils électriques. On les trouve dans les dix-sept espèces de la famille des Torpédiniens, qui fait l'objet spécial de ce Mémoire ; dans le Malaptérure électrique du Nil, de la famille des Siluroïdes, ou Oplophores, et dans le Gymnote, ou Anguille électrique d'Amérique. On

Blainville, n'attachant de l'importance qu'aux masses ganglionaires d'où partent les tubes mucifères, a considéré, comme les analogues de cet appareil, ces follicules ou ganglions (1).

En 1843, M. Mayer de Bonn n'a fait porter la comparaison que sur la masse ganglionaire figurée par Monro (pl. 6, n° 9), laquelle se trouve, de chaque côté, en avant de la poche branchiale, entre elle et le masseter, et qu'il a décrite comme constituant une glande (2).

C'est à tout cet appareil de sécrétion muqueuse, considéré dans son ensemble, que mon père suppose qu'on pourrait attribuer des effets vénéneux. « Peut-être, dit-il, à la fin de l'article des *C. rendus* cité plus haut, l'humeur sécrétée dans l'appareil dont il est question serait-elle, quand elle se mêle à l'eau, une sorte de poison narcotique qui détruirait ou suspendrait l'action de la vie, par cela seul qu'elle agirait sur les branchies de la victime comme le fait le venin de quelques serpents et de la plupart des araignées, dont les morsures sont délétères et paralysantes. »

En dernier lieu, M. Ch. Robin a attribué les fonctions de l'organe électrique à une petite glande sans conduit excréteur, située un peu en arrière de l'évent, entre la cavité branchiale, et les muscles qui séparent cette cavité de la colonne vertébrale (3).

Cette supposition a été ensuite réfutée par M. Robin lui-même, dans un travail postérieur (4) où il passe en revue les hypothèses qui avaient précédé la sienne, et dont il cherche à démontrer le peu de fondement. Tous ces or-

(1) De l'Organisat. des anim. 1822, p. 230.

(2) Spicileg. observat. anat. de org. electr. in Raiis analectricis.

(3) Bullet. de la Soc, philom. — 30 janvier 1847.

(4) Rech. sur un appareil qui se trouve chez les Poissons du genre des Raies, et qui présente les caractères anatomiques des organes électriques. 1847, p. 2-11.

ganes, regardés comme électriques, ne sont pas spéciaux aux Raies; ils se trouvent également dans la Torpille. Il est donc douteux qu'ils exercent une fonction spéciale, et qu'on doive les regarder comme les analogues des véritables appareils électriques.

Il y aurait plus de probabilités en faveur de l'opinion émise plus tard par ce même anatomiste, qui regarde comme des appareils propres à dégager de l'électricité deux organes semblables l'un à l'autre, placés, chez les Raies, de chaque côté de la queue, dont ils occupent presque toute la longueur.

La structure de ces organes a été complétement étudiée par M. Robin, qui l'a décrite d'une façon aussi nette que possible, et avec tous les détails désirables dans le travail déjà indiqué. Au reste, cette structure, parfaitement identique à celle des appareils de tous les Poissons qui produisent de l'électricité, fournit, en quelque sorte, le seul argument que M. Robin puisse faire valoir pour établir l'identité des organes dont il s'agit avec ceux des Torpilles, du Gymnote et du Silure.

M. Stark, il est vrai, amené, par ses recherches, à une opinion conforme à celle de notre compatriote, cite, comme preuve du rôle qu'il attribue à cet appareil caudal, le récit des pêcheurs habitués, disent-ils, à recevoir une secousse électrique au moment où ils saisissent par la queue une Raie vivante (1).

M. Matteucci, cependant, dont l'habileté, dans ce genre d'expériences, est d'un grand poids, n'a obtenu de cet organe que les phénomènes du courant électrique musculaire. Quant aux décharges électriques, pas plus que M. J. Müller il n'a pu en découvrir le moindre signe, quoi-

(1) On the exist. of an electrical apparatus in the Flapper sckrate and other Rays, in Proceed of the roy. Soc. of Edimb. — Décembre 1844.

utile de présenter aux naturalistes, comme complément, une monographie détaillée de cette famille.

IV. *Etude des appareils électriques des Torpilles.* — Il n'est pas possible, au reste, de tracer l'histoire de ces Plagiostomes sans parler de leur appareil électrique; mais je serai sobre de détails sur ce sujet, m'attachant surtout à ceux, récents encore, que M. Paul Savi a ajoutés à l'étude si pleine d'intérêt de ces singuliers organes (1). Disons d'abord que cet anatomiste s'est assuré de l'identité de leur structure dans les deux espèces les plus communes en Italie (Torpille narke ou œillée, et Torpille de Galvani, ou marbrée). Il y a donc lieu de croire, avec lui, qu'il n'existe pas de différence notable dans les autres espèces, et ce qu'il est dit de l'une peut s'appliquer aux autres.

Après avoir rappelé la situation des organes électriques à la partie antérieure de l'animal, entre les pleuropes (2) et les branchies, où les prismes verticaux dont ils se composent sont protégés, en dessus et en dessous, par un plan aponévrotique, et recouverts par la peau du dos et par celle du ventre, cet anatomiste présente les considérations suivantes, qui méritent d'être rappelées au commencement de cet article : « Lorsqu'on considère, dit-il, les rapports de situation entre ces organes et tous les autres ap-

(1) Etudes anat. sur le syst. nerv. et sur l'org. électr. de la Torpille, à la suite du Traité des phénom. électro-physiol. des anim., par Mateucci. Paris, 1844.

A ces études anatomiques il faut joindre celles que M. Jobert de Lamballe a publiées. (Comptes rendus de l'Acad. des Sciences, t. 18, p. 810). 1844.

(2) Nageoires pectorales. Dans le Catal. méth. et descriptif des Poissons plagiost. appartenant à la Collect. du Mus. de Paris, et que je rédige en ce moment, j'emploie, d'après l'usage adopté par mon père dans ses cours, les mots ***Pleuropes***, ***Catopes***, ***Epiptères***, ***Hypoptères***, ***Uroptère***, pour désigner, d'une façon souvent plus exacte, et surtout plus abréviative, les nageoires pectorales, ventrales, dorsales, anales et caudale.

pareils, on en trouve de singuliers, d'intéressants, et même de mystérieux. Les branchies et le cœur sont placés entre les organes électriques, de telle sorte qu'ils sont avec eux presque en contact immédiat, comme s'il était nécessaire, pour l'accomplissement de leurs fonctions, que le sang y fût poussé avec vigueur et y arrivât immédiatement après son contact avec l'air. Les organes de l'odorat, de la vue et de l'ouïe, occupent la partie qui leur est intermédiaire et antérieure, comme pour guider la décharge et profiter de son effet. Enfin, trois appareils, dont les fonctions sont encore inconnues, garnissent leur périphérie dorsale ou ventrale ; tels sont l'appareil lacunaire, celui des organes mucipares, communs l'un et l'autre à un grand nombre de Poissons, et enfin l'appareil folliculaire nerveux, qui appartient exclusivement aux Torpilles. »

A. *Structure des prismes.* — Chacun des prismes que ces appareils contiennent en grand nombre, ont, suivant l'opinion très-vraisemblable de M. Savi, qui n'a cependant pu en avoir la démonstration directe, deux enveloppes : l'une propre, l'autre fournie par le plan aponévrotique supérieur ou inférieur, dont elle serait une dépendance. Quant à la disposition de ces petites colonnes prismatiques, dont la forme est, en général, hexagonale, on sait qu'elles sont divisées à l'intérieur en petites loges superposées et parfaitement régulières, séparées entre elles par des diaphragmes d'une texture très-délicate, semblable à celle de l'enveloppe propre à chaque prisme. Les loges contiennent une humeur limpide et tout-à-fait fluide dans laquelle ne pénètrent ni nerfs ni vaisseaux. C'est, en effet, sur les diaphragmes interloculaires qu'ils se répandent.

B. *Disposition des ramifications vasculaires.* — Par de fines injections, on voit, à la surface de ceux-ci, des ramifications vasculaires bifurquées, de diamètre à peu près égal, et au nombre de sept à huit sur chacun d'eux : il en résulte que le nombre total des vaisseaux capillaires de tout l'appareil est très-considérable, comme l'a dit Hunter.

C. *Arrangement des filets nerveux.* — Outre cette abondante vascularisation, il y a, sur les diaphragmes, de nombreux filets nerveux, et cette question d'anatomie microscopique a été très-nettement élucidée, en 1840, par M. Savi. Ses observations, malheureusement, comme toutes celles qui se rapportent à des recherches si délicates, ne peuvent être répétées que sur des animaux morts depuis peu. Voici ce qu'il a vu et fait figurer. Les nerfs destinés aux organes électriques, et je laisse de côté, à dessein, l'étude de leur origine, ainsi que de leur trajet avant de parvenir à ces organes, pénètrent entre les prismes, qu'ils entourent, et dans l'intérieur desquels il n'entre pas un seul faisceau nerveux. Ce sont seulement les fibres élémentaires de ces nerfs qui s'y distribuent; elles y forment des mailles ordinairement hexagones, dont les côtés sont, pour chacun, composés d'une seule fibre nerveuse élémentaire qui, en se bifurquant, produit les côtés des mailles voisines. Celles-ci, par suite de cette dichotomie, sont donc formées, pour me servir des expressions mêmes de l'anatomiste italien, par la ramification successive et par une sorte de soudure d'une seule fibre élémentaire. Cette dernière, qui semble faire partie du diaphragme, sur lequel on l'examine, offre tout-à-fait la même structure et le même diamètre que les fibres dont la réunion forme les nerfs ramifiés entre les prismes.

D. *Origine des nerfs, et signification précise des lobes électriques.* — Un autre point reste à discuter : c'est l'origine précise des nerfs de l'appareil à électricité. En d'autres termes, de quelle portion de l'axe cérébro-spinal naissent-ils? Ici, une difficulté se présente. Elle est relative à la détermination des parties constituantes de l'encéphale des Poissons. Toutes les opinions émises sur ce sujet par les anatomistes, savamment discutées déjà par M. Flourens, à l'aide de l'expérimentation (*Sur l'encéph. des Poissons*), viennent d'être soumises à un judicieux et habile contrôle par MM. Philipeaux et Vulpian. De leurs études, dont ils ont soumis les conclusions à l'Académie des Sciences (1), il résulte « que l'encéphale des Poissons est composé des mêmes parties que celui des animaux vertébrés supérieurs, et que ces parties, à très-peu de différences près, sont disposées de la même façon. »

Cette proposition générale, déduite de nombreuses dissections, et appliquée à la Torpille marbrée, donne pour cette espèce, et, selon toute probabilité, pour les autres espèces de la famille des Torpédiniens, la signification réelle des renflements placés dans le sinus rhomboïdal, qu'on nomme *lobes électriques*, et sur lesquels Jacopi a, le premier, appelé l'attention en 1810 (2). Ce ne sont pas, comme on le croit généralement, des dépendances de la moelle allongée, mais bien réellement du cervelet, qui a pris, dans ces Poissons, un grand développement. Voici comment s'expriment, à ce sujet, MM. Philipeaux et Vulpian, dans un passage de leur Mémoire encore inédit : « Le cervelet de la Torpille se compose, comme celui de la Raie, de six feuillets ou lames, trois de chaque côté, un antérieur, un moyen, et un postérieur. Le feuillet postérieur du côté droit et celui du côté gauche se sont considérablement renflés, en repoussant en avant et en dehors les deux autres feuillets. Ces feuillets ainsi renflés s'accolent sur la ligne médiane, de façon à recouvrir entièrement le quatrième ventricule : ce sont là les lobes électriques. » Cette détermination, comme on le voit, a le grand avantage, en simplifiant la description de ce cerveau, de le faire rentrer dans la règle commune.

Ces renflements électriques, au reste, méritent bien cette dénomination : quoiqu'ils appartiennent au cervelet, c'est de leur substance que naît une portion des nerfs destinés aux appareils galvaniques.

(1) Détermination des parties qui constituent l'encéphale des Poissons. (Comptes rendus, t. XXXIV, p. 537. Avril 1852.)

(2) Elementi di fisiologia et notomia comparatie, etc.

Ces nerfs sont : 1° une portion de la cinquième paire, qui se distribue à la partie antérieure de ces appareils, et 2° des branches émanées de la dixième paire, ou paire vague. La description de ces nerfs, depuis le moment où ils apparaissent en dehors de l'axe cérébro-spinal, jusqu'à celui où ils se perdent dans les masses latérales, sont décrits avec grand soin par M. Savi (loc. cit., p. 307 et suiv., et p. 311-316). Je néglige donc ces détails, pour m'occuper de leur origine apparente, qui est décrite dans le nouveau travail anatomique de MM. Philipeaux et Vulpian de la manière suivante : « La portion électrique de la cinquième paire naît de la partie latérale de la moelle allongée, au niveau des feuillets cérébelleux antérieurs, et par conséquent en avant du lobe cérébelleux électrique du même côté ; c'est, au contraire, au niveau de ce lobe que les branches de la dixième paire émergent des parties latérales de la moelle allongée. »

Ces faits peuvent être facilement vérifiés sur des encéphales de Torpilles conservées dans l'alcool ; mais, n'en ayant pas eu de fraîches à ma disposition pour revoir ce que M. Savi a dit de leur origine réelle, je me contenterai de reproduire ses conclusions, que voici :

« 1° Les lobes électriques sont composés, en grande partie, d'une substance grise, amorphe, et de globules avec un noyau central, semblables aux corpuscules ganglionaires. »

« 2° Il y a, dans ces lobes, un grand nombre de fibres élémentaires qui vont de cet organe même à la moelle allongée, et *vice versâ*. »

« 3° Tous les troncs nerveux, soit de la dixième paire, soit de la cinquième, qui se distribuent dans l'organe électrique, sont produits par des fibres élémentaires ayant leur origine dans le lobe correspondant, à l'intérieur duquel elles semblent se replier en anses. » (Loc. cit., p. 301.) (1).

(1) Ces résultats sont tout-à-fait confirmés par les observations

V. *Appareils folliculaires nerveux.* — Pour compléter ce qu'il me reste à dire sur les organes propres à la Torpille, je dois mentionner, mais d'une façon très-sommaire, les organes folliculaires nerveux découverts par M. Savi (1), tout-à-fait spéciaux à ce poisson, et décrits dans son beau travail (p. 332, pl. 3, fig. 10-14). « Ils peuvent être très-bien aperçus au microscope par le plus léger grossissement (2), et il suffit, pour y parvenir, d'enlever d'abord la plus grande partie de la matière gélatineuse qui les entoure, et de les soumettre ensuite à une légère compression, pour en découvrir les parties internes.

« Cet appareil se trouve sur le bord, autour de la partie antérieure de la bouche et des narines, et s'étend sur la périphérie de la partie antérieure des organes électriques, et même sur la moitié antérieure de leur côté externe, où il repose sur le cartilage de la nageoire et sur les membranes aponévrotiques qui en couvrent la surface. Quelques parties de ce même appareil se trouvent du côté du dos; mais la plus grande partie est du côté du ventre. Il est formé par de grandes séries linéaires de follicules ou de cellules membraneuses fermées, à doubles parois, remplies d'une humeur gélatineuse, et renfermant chacune une petite masse de substance granuleuse amorphe qui a beaucoup de l'aspect de la matière grise amorphe des hémisphères cérébraux. Un rameau nerveux donne des fibres à cette masse granuleuse, tandis que d'autres de ces fibres, réunies en faisceaux, sortent du follicule, pénètrent la masse grise du follicule contigu, et se réunissent avec son

plus récentes de M. le professeur Rodolphe Wagner. (Première Lettre sur la Physiologie, analysée par M. le docteur Feldmann, dans la Gazette médicale de Paris, 24 avril 1832, p. 275.)

(1) M. Stannius appelle l'attention sur cette découverte, dans une note à son Manuel d'Anatomie comparée, t. 2, p. 77.

(2) Sur les Torpilles depuis longtemps conservées dans l'alcool, comme celles de la collection, la vérification de ces détails est à peu près impossible.

nerf. Les filets nerveux qui se distribuent dans cet appareil viennent exclusivement de la cinquième paire, et plus particulièrement des branches qui naissent de la portion antérieure de la racine. »

VI. *Fonctions des appareils électriques.* — Si, comme je viens de le montrer par les détails qui précèdent, la structure de l'appareil électrique des Torpilles a été, pour les anatomistes, l'objet de nombreuses et intéressantes investigations, les physiologistes et les physiciens n'ont pas apporté moins de soin à l'étude des phénomènes que produit cet appareil.

Il est inutile de rappeler ici les récits des anciens auteurs relatifs à la Torpille : on en trouve la longue et curieuse énumération dans la savante dissertation de Conrad Gesner (*De Torpedinibus* in *Hist. anim.*, lib. IV, p. 988-998, anno 1620).

C'est le célèbre Redi (*Esper. intorno a cose naturali. Lettera al Atan. Chircher* 1675. *Opere*, t. II, p. 27-50) qui, le premier, chercha à acquérir, sur la structure et les fonctions de ces organes, des notions exactes et précises.

Les observations ultérieures de Borelli (*De motu animal.*, proposit. 219, 2e partie, 1681), de Kaempfer (*Amœnit exotic.*, fasciculi V, 1712; fasc. secun, p. 515 et dans Valentin), et de Réaumur (*Mém. de l'Acad. des Sc.*, 1714, p. 544, pl. 12 et 15), sont pleines d'intérêt.

Ce n'est cependant qu'à partir de l'année 1729, à la suite des travaux de P. van Musschenbroek (*Cours de Phys. expér. et mathém.*, trad. par Sigaud Delafond en 1769, t. I, § 901 et 909), des remarques de Bancroft relatives au Gymnote électrique (*An essay on the nat. hist. of Guiana*, 1769; *On the torporific eel*, p. 194-200), puis des expériences faites à La Rochelle, en 1772, par le savant Anglais Walsh (*Philos. trans.*, 1775, p. 461, pl. 19), que la nature électrique de la commotion produite par la Torpille fut bien établie.

Tous les faits principaux, consignés, depuis cette époque, dans les annales de la science, ont été rappelés par M. Matteucci. Je n'y reviendrai donc pas, et me bornerai à présenter l'état actuel de nos connaissances sur ce sujet, en m'appuyant particulièrement sur les nombreuses et intéressantes recherches de ce savant, qui a su faire de l'étude de l'électricité animale un véritable corps de science.

Toutes les fois qu'on prend dans la main une Torpille vivante, on ressent aussitôt une forte commotion qui, ordinairement, peut se comparer à celle d'une pile à colonne de 100 à 150 couples chargée avec de l'eau salée. Ces secousses se succèdent rapidement; et leur force, qui diminue avec l'affaiblissement de l'animal, reparaît à la suite du repos. Elles se font sentir, dans l'eau, à une assez grande distance pour que, d'un bord à l'autre d'une cuve large de 1 m., 50, une décharge détermine une violente contraction musculaire chez une grenouille.

La facile transmission du fluide électrique de la Torpille a été démontrée par les expériences de Walsh, et il ne peut s'en trouver aucune trace libre dans l'organe sans qu'il se décharge quand l'animal en a la volonté, mais non pas là où il veut le diriger.

Quant aux lois suivant lesquelles l'électricité se distribue, elles sont ainsi formulées par le professeur de Pise : « 1° Tous les points de la partie dorsale de l'organe sont positifs, relativement à tous les points de la partie ventrale. 2° Les points de l'organe sur la face dorsale, situés au-dessus des nerfs qui pénètrent dans cet organe, sont positifs, relativement aux autres points de la même face dorsale. 3° Les points de l'organe sur la face ventrale correspondant à ceux qui sont positifs sur la face dorsale, sont négatifs relativement aux autres points de la même face ventrale. »

Diverses causes influent sur les phénomènes produits par la Torpille. L'élévation de la température de l'eau dans laquelle elle vit, quand elle ne dépasse pas 24 ou 26 degrés, rend plus fréquentes et plus fortes les secousses qu'elle produit, ce qui s'explique par l'activité plus grande de la circulation et de la respiration que le refroidissement ralentit ou suspend même, s'il est porté trop loin. Cette dernière fonction a même une liaison remarquable avec le dégagement de l'électricité; car plus l'animal est irrité et plus ses décharges sont fréquentes, plus la quantité d'oxygène qu'il enlève à l'eau est considérable; par suite aussi, la quantité d'acide carbonique qu'il produit augmente. On peut donc exagérer les phénomènes, en plaçant, pendant quelques instants, une Torpille sous une cloche pleine d'oxygène.

Les causes qui influent sur la respiration ne sont pas les seules, au reste, qui donnent lieu à un semblable redoublement d'activité des organes électriques : il est également obtenu par l'introduction, dans l'estomac, de petites quantités de solution d'opium ou de noix vomique, mais surtout d'hydrochlorate de strychnine et de morphine. Ces faits, d'ailleurs, sont semblables à ceux qui s'observent relativement à la contraction musculaire des grenouilles, par l'emploi des mêmes poisons. A ces causes d'excitation, il faut joindre la destruction partielle des organes électriques, la compression momentanée des branchies, des yeux, de la face supérieure de la tête. Les acides minéraux, au contraire, et l'eau bouillante, anéantissent le pouvoir des organes électriques.

D'où dépend la puissance de ces organes? La réponse à cette question peut se tirer de l'influence remarquable de ces substances vénéneuses, dont l'action s'exerce incontestablement sur le système nerveux, et des résultats fournis par les lésions des nerfs et de l'encéphale.

Si, en effet, d'une part, ces poisons augmentent le dégagement de l'électricité, et si, de l'autre, on ne parvient pas à l'arrêter, en agissant directement sur l'organe lui-même, c'est bien aux centres nerveux et à une région spéciale de ceux-ci, comme l'a montré l'expérimentation, qu'il faut placer la source des phénomènes électriques.

Ainsi, l'irritation du lobe électrique détermine de très-fortes décharges, même quand l'animal semble mort depuis longtemps (1). Son action persiste après qu'on l'a séparé des lobes antérieurs du cerveau, et de la moelle. D'un autre côté, l'irritation de ces lobes antérieurs, ou de la moelle épinière, n'est pas suivie de la décharge, tandis qu'elle résulte de celle des troncs nerveux ramifiés dans l'organe, et dont l'origine réelle est dans le lobe électrique. Elle a même également lieu quand ces nerfs sont déjà séparés du cerveau.

De tous les faits qui précèdent, relatifs aux phénomènes électriques de la Torpille, on peut, avec M. Matteucci, tirer les conclusions suivantes :

1° La décharge électrique de la Torpille, et la direction de cette décharge, dépendent de la volonté de l'animal, laquelle, pour cette fonction, a son siége dans le lobe électrique du cerveau.

2° L'électricité est développée par cet organe de la Torpille, qu'on appelle ordinairement électrique, sous l'influence de la volonté.

3° Toute action extérieure qui est portée sur le corps de la Torpille vivante, et qui détermine la décharge, est transmise par les nerfs du point irrité au lobe électrique du cerveau.

4° Toute irritation portée sur le quatrième lobe (2) ou

(1) La signification précise de ce lobe, en ce sens qu'il est formé par le feuillet postérieur très-développé du cervelet, et non par la moelle allongée, ainsi que je l'ai établi plus haut, d'après les recherches toutes récentes de MM. Philipeaux et Vulpian, ne modifie pas l'opinion qu'on doit avoir sur ses usages. Comment serait-elle modifiée, puisque c'est dans sa substance même, comme l'a vu M. Savi, que les branches du pneumo-gastrique destinées à l'appareil électrique prennent leur origine réelle ?

(2) Ou plutôt sur le lobe postérieur du cervelet, pour se con-

sur ses nerfs, ne produit d'autres phénomènes que la décharge électrique. On peut donc appeler ce lobe et ses nerfs *lobes et nerfs électriques*, comme on dit : *nerfs des sens, nerfs moteurs, nerfs de la vie organique.*

5° Le courant électrique, qui agit sur le lobe ou sur les nerfs électriques, ne produit que la décharge de l'organe, et cette action du courant persiste plus longuement que celle de tous les autres stimulants.

6° Toutes les circonstances qui modifient la fonction de l'organe électrique agissent également sur la fonction des muscles, c'est-à-dire sur la contraction. »

VII. *Description des genres et des espèces.* — Après ces préliminaires sur la structure et sur les fonctions de l'appareil électrique des Torpédiniens, j'aborde l'étude zoologique proprement dite de ce singulier groupe de Poissons (1).

Tribu des Torpédiniens.

Poissons cartilagineux, plagiostomes, hypotrêmes.

Caractères : *Corps discoïde, plat, arrondi, lisse et nu ; queue courte, charnue; catopes immédiatement derrière les pleuropes; épiptères en nombre variable (une ou deux), ou manquant tout-à-fait; valvules nasales réunies en un lobe unique, à bord libre* (2); *dents pointues; un appareil électrique*

former aux nouvelles déterminations des diverses parties de l'encéphale des Poissons.

(1) Cette partie descriptive est le développement de l'un des chapitres du Catalogue méthodique et descriptif de la Collection des Poissons du Muséum d'histoire naturelle que je prépare en ce moment, sous la direction de mon père, et avec la collaboration de M. Guichenot.

(2) La valvule nasale, qu'on pourrait nommer également valvule olfactive, à cause de sa situation, est un repli cutané placé à la face inférieure de l'extrémité du museau.

Elle protége des cavités qu'il est difficile de considérer comme de véritables narines.

dont la disposition se voit à travers les téguments, situé de chaque côté de la tête, entre celle-ci et les cartilages des pleuropes.

(CINQ GENRES.)

Cette tribu, qui comprend des Poissons très-différents de ceux des tribus voisines, mais fort semblables entre eux, sous beaucoup de rapports, constitue donc une réunion tout à-fait naturelle.

La place que lui assignent ses affinités zoologiques est dans la grande division des *Plagiostomes hypotrêmes*, désignés sous l'ancien nom générique de Raies, et formant maintenant une vaste famille. Elle doit y prendre rang après la tribu des Squatino-Raies, qui comprend les Scies, les Rhinobates et quelques autres petits genres, et immédiatement avant celle des Raies proprement dites.

Quant aux différences qui distinguent les espèces les unes des autres, elles sont assez tranchées pour qu'il soit facile de les grouper entre elles de façon à former cinq genres bien distincts.

Les caractères d'après lesquels cette division a été établie sont exprimés dans le tableau synoptique n° 1.

Il y a donc *trois groupes*, suivant que les épiptères manquent ou qu'elles existent, et, dans ce dernier cas, selon leur nombre.

Mon père, en effet (*Mém. sur l'Odorat des Poiss.*, 1807, Mag. encyclop.), a exposé les motifs qui doivent porter les physiologistes à reconnaître : 1° que l'organe du goût, chez ces animaux, ne réside pas dans la bouche; 2° que la sensation des saveurs leur est probablement donnée par l'appareil qu'on avait regardé, jusqu'alors, comme propre à recevoir les émanations des corps odorants; 3° enfin, qu'il n'y a point de véritable odeur dans l'eau, où les molécules odorantes, se dissolvant ou s'y mêlant, deviennent, par cela même, molécules sapides.

PREMIER GROUPE : *Deux Epiptères.*

Comprenant les genres TORPILLE, NARCINE et HYPNOS.

Ier GENRE. — TORPILLE, *Torpedo* (1), Duméril.

Caractères : *Disque presque arrondi, un peu échancré au milieu de son bord antérieur ; spiracules* (2) *éloignés des yeux, et bordés par une couronne de dentelures ; pas de cartilages des lèvres ; bouche semi-lunaire, grande, non protractile ; dents pointues, ne dépassant pas le bord des mâchoires, auquel elles sont parallèles ; frein de la valvule nasale fixé au*

(1) Le mot latin *Torpedo*, qui signifie engourdissement, a été employé par les auteurs les plus anciens comme dénomination spécifique pour désigner la Raie, qu'ils savaient être douée du pouvoir d'engourdir la main qui la touche.

Mon père a conservé ce même mot, et en a fait un nom générique auquel de Blainville a proposé de substituer celui de *Narcobatus*, dérivé du mot grec νάρκη, torpeur, engourdissement, qui, à cause même de sa signification, servait, chez les Grecs, à désigner la Torpille, et du mot Βαζις ou Βαζος, Raie, terminaison adoptée par ce naturaliste pour les noms des Plagiostomes appartenant à la division des Raies.

(2) Ce terme signifie simplement méat, ouverture, soupirail, et il est employé par beaucoup de zoologistes. Il a, sur le mot évent, l'avantage de ne pas préjuger les usages de ces orifices.

Destinés à livrer passage à l'eau, quand l'animal respire, servent-ils à en permettre tantôt l'entrée dans les branchies, tantôt, au contraire, sa sortie ? ou ne remplissent-ils que l'une de ces deux fonctions ? C'est ce que nous n'avons encore pu vérifier par l'observation directe sur les animaux vivants.

Ces spiracules, au reste, sont munis d'un repli cutané, valvulaire, adhérent par un de ses bords, et dont les mouvements, liés certainement à l'acte de la respiration, simulent, jusqu'à un certain point, à ce qu'il paraît, ceux des paupières. On s'explique ainsi comment le crédule Borrichius (Kaempfer, loc. cit., p. 511), malgré toute sa science, qui l'a rendu digne de l'épithète de *très-illustre*, a pu supposer que la Torpille a quatre yeux.

bord antérieur de la lèvre supérieure; queue presque toujours plus longue que le disque, surmontée de deux épiptères, dont la première est plus grande que la seconde.

Sept espèces. — Voir le tableau synoptique n° 2.

I. TORPILLE A TACHES OEILLÉES, *T. oculata*, Bélon.

Une longue synonymie se rapporte à cette espèce; mais parmi les différents noms qui lui ont été donnés, et dont la liste se trouve dans l'ouvrage de MM. Müller et Henle, je ne rappellerai que les plus connus et les plus habituellement employés par les auteurs.

Torpedo Narke, Risso (*Ichth.*, p. 18, 1810, et *Hist. nat.*, t. III. 1827, p. 142).

C'est sous ce nom que M. le prince Ch. Bonaparte a fait figurer et a décrit, avec de longs et intéressants détails zoologiques, anatomiques et physiologiques, la *T. œillée* (*Iconogr. della faun. Italica*, t. III, 1841).

T. ocellata. Rafinesq. (*Indice d'ittologia Siciliana*, p. 60).

T. unimaculata, Risso (*Ichth.*, p. 19, pl. 5, fig. 3, et *Hist. nat.*, t. III, p. 143, fig. 8).

T. à cinq taches, Guichenot (*Explorat. scientif. de l'Algérie*, Poissons, p. 130).

Caractères: *Disque plus large que long, d'une longueur à peu près égale à celle de la queue; catopes étroits, surtout à leur extrémité antérieure, d'où résulte, à la base de la queue, une sorte d'étranglement; autour des spiracules, cinq à neuf dentelures peu développées.*

Il y a, dans le système de coloration, des différences nombreuses: ce qui explique les divers noms employés par les naturalistes pour désigner cette espèce, et empruntés à la disposition des couleurs. Ce ne sont cependant pas des caractères spécifiques suffisants pour les faire entrer dans la diagnose; mais il faut établir des variétés.

1re *Variété.* Régions supérieures d'un rouge-brun uniforme; sur le disque, des taches bleues, entourées d'un anneau brunâtre, variant en nombre depuis 1 jusqu'à 7. Le plus ordinairement, il y en a 5, régulièrement disposées sur deux rangs, l'un antérieur, formé de deux taches, et le postérieur de trois. — La Torpille représentée sur la planche de Bélon en porte six : une en avant, un rang de deux, puis une, et enfin un second rang de deux.

Le Musée de Paris ne possède que des individus à 1, à 2, et à 5 taches ; mais un autre, pêché sur les côtes d'Algérie par M. Guichenot, porte trois taches irrégulièrement placées, et hors rang, outre les cinq taches ordinaires.

2e *Variété*. Teinte générale et taches bleues de la variété précédente, mais en outre, sur la région dorsale, des taches blanches ocellées. C'est à cette variété que peut s'appliquer le nom de *T. ocellée* employé par Rafinesque et par d'autres zoologistes après lui.

On trouve des figures de ces deux *Variétés* sur des vases étrusques. Olfers (1), dans sa dissertation savante sur les connaissances actuelles et anciennes relatives à la Torpille, a reproduit, sur sa 5e planche, ces représentations où l'imagination, plus que l'observation exacte de la nature, paraît avoir guidé les artistes dans l'arrangement des taches noires et blanches dont ils ont orné le dos de ces Poissons.

5e *Variété*. On doit enfin, comme l'ont fait MM. Müller et Henle, rapporter à cette espèce, malgré l'absence des taches œillées bleues, des individus à dos brun, parsemé de taches blanches, et à dentelures des spiracules presque effacées

Les Collections du Muséum renferment de nombreux échantillons de ces trois *Variétés* adressés de différents points des côtes de la Méditerranée.

II. TORPILLE MARBRÉE, *T. marmorata*, Risso.

Des divers synonymes de cette Torpille, les plus importants sont les suivants :

(1) Die gattung Torpedo in ihren naturhistor. nnd antiquar. beziehungen. Berlin, 1831, fig.

T. de Galvani, *T. Galvani*, Risso (*Ichthyol.*, p. 21, pl. 3, fig. 4, et *Hist. natur.*, p. 144).

Idem, Ch. Bonaparte (*Iconogr. della fauna Ital.*, 3, fig. de la même pl., sans numéro).

T. punctata, Rafin. (*Indice*, p. 60, n° 31).

T. immaculata (*Id.*, *id.*, p. 60, n° 30).

T. marbrée, Guichenot (loc. cit., p. 131).

Caractères : *Disque comme dans l'espèce précédente, mais presque toujours un peu plus long que la queue; catopes larges, surtout à leur extrémité antérieure, d'où résulte, en partie, la largeur de la base de la queue, et formant, par leur réunion, une sorte de demi-ellipse; dentelures des spiracules très-développées ; uroptère plus haute que longue.*

Le système de coloration offre des différences assez tranchées pour qu'on puisse établir *quatre Variétés.*

1re *Variété.* Régions supérieures d'un brun clair, parsemées de taches foncées et de taches blanches.

2e *Variété.* Elle ne diffère de la précédente que par l'absence des taches blanches. La teinte générale, cependant, est souvent d'un gris noirâtre, qui ne se remarque pas dans les autres *Variétés.*

3e *Variété.* Sur un fond brun, des points d'un brun plus foncé, fins et rares.

4e *Variété.* Coloration uniforme, sans points ni taches. Ce sont des individus appartenant à cette Variété qui ont servi de types à l'espèce nommée par Rafinesque *T. immaculata*, et à celle qui reçut de Risso le nom de *T. Galvani*, lesquelles se rapportent, par tous les points de leur organisation, à la *T. marbrée.*

M. le prince Ch. Bonaparte, enfin, signale, et a figuré une *Variété* à taches blanches, que le Musée de Paris ne possède pas.

La longueur peu considérable de la queue, son épaisseur à sa base, la largeur des catopes, le peu de distance qui sépare ces nageoires du bord postérieur du disque, le développement des dentelures au bord des spiracules, et la hauteur de l'uroptère, sont des caractères propres à faire distinguer de la précédente l'espèce dont il s'agit.

Elle est représentée au Musée de Paris par de nombreux échantillons pêchés dans la Méditerranée, dans l'Océan-Atlantique, et même dans la Mer des Indes. Quoique MM. Müller et Henle regardent cette dernière origine comme douteuse, il paraît difficile d'admettre que quatre individus, provenant de M. Polydore Roux, ne soient pas Indiens, puisque ce naturaliste n'avait formé des collections que dans les Indes-Orientales.

III. TORPILLE TREMBLEUSE (1), *T. trepidans*, Valenciennes (*Hist. nat. des îles Canaries* de MM. Webb et Berthelot, Poissons, p. 101, pl. 25, fig. 2, 2 *a* et 2 *b*, pour les détails de la bouche et des dents).

Torpedo hebetans? Lowe, *Synopsis of the fishes of Madeira*, (*Transact. of the zool. Soc. of London*, tom. II, p. 195, 1841) (2).

Caractères : *Disque un peu plus large que long; catopes larges, d'où résulte, en partie, la largeur de la base de la queue* (3), *et formant, par leur réunion, une sorte de demi-ellipse; épiptères beaucoup plus petites et plus étroites que*

(1) Cette dénomination est la traduction du mot *Trembladora*, employé aux Canaries pour désigner la Torpille dont il s'agit.

(2) A l'exemple de MM. Müller et Henle, nous restons dans le doute sur la détermination précise de cette espèce, que M. Lowe est porté à considérer comme distincte de la *Torpille marbrée*, parce qu'elle manque de dentelures autour des évents. Il suppose cependant qu'elle n'est peut être qu'une *Variété sans taches* de la *T. narke* ou *à taches œillées*. Quoi qu'il en soit, voici la diagnose que ce naturaliste en donne : *T. subtus alba, nigro marginata; supra nigrescens, unicolor, punctulis minimis raris, ad marginem anteriorem crebrioribus adspersa; spiraculis majusculis, simplicibus; caudâ corporis fere longitudine, vix breviore apice truncata.*

(3) La figure qui accompagne le texte de M. Valenciennes représente la base de la queue moins large qu'elle ne l'est sur le spécimen conservé dans les Collections du Muséum.

dans toutes les autres Torpilles; dentelures des spiracules bien apparentes.

La couleur est rousse, semée de points noirs en dessus, plus petits et plus nombreux sur le devant du disque, dont le bord est noir.

Malgré l'analogie de cette espèce avec la précédente, il est assez facile de l'en distinguer par le peu de développement des épiptères et des appendices génitaux des mâles.

On conserve au Muséum le spécimen rapporté par MM. Webb et Berthelot, et qui a servi de TYPE à l'espèce fondée par M. le professeur Valenciennes.

IV. TORPILLE PANTHÈRE, *T. panthera*, Ehrenberg, in Museo Berolinense.

T. marmorata, 5e *Variété*, d'un brun sombre, avec des taches blanchâtres peu nombreuses : *T. panthera*, Olfers (loc. cit., p. 15 et 16), et Henle (loc. cit., p. 50).

T. panthera, Rüppel (*Chondropterygier*, p. 8, pl. 19, fig. 1, et avec un dessin représentant la disposition des dents).

T. panthera, Müller et Henle (loc. cit.. p. 195).

Caractères : *Disque plus large que long, d'une longueur à peu près égale à celle de la queue; catopes larges, surtout à leur extrémité antérieure, d'où résulte, en partie, la largeur de la base de la queue, et formant, par leur réunion, une sorte de demi-cercle; arcade dentaire inférieure moins longue que la supérieure.*

La couleur est, en dessus, un jaune brun orné de taches blanches.

Longtemps considérée comme une simple *Variété* de la *T. marbrée*, cette *T.*, rapportée de la Mer-Rouge par Ehrenberg, et nommée *T. panthera* au Musée de Berlin, n'a pris définitivement rang d'espèce que depuis la publication de l'ouvrage de M. Rüppel.

Elle a beaucoup de ressemblance avec la *T. marbrée;* mais l'inégalité de longueur des deux arcades dentaires, et surtout la forme arrondie des catopes, qui, dans l'espèce précédente, sont plus allongés et plus semblables, par leur réunion, à une demi-ellipse, paraissent motiver la distinction établie par M. Rüppel, et, à son exemple, par MM. Müller et Henle.

L'animal, au reste, ne se trouve pas au Musée de Paris.

V. TORPILLE DU GOLFE-PERSIQUE, *T. sinûs Persici*, E. Kaempfer (*Amœnitatum exotic. polit. — phys. — medicarum*, fasciculi V, 1712. Observ. II, p. 509, cum fig.

Caractères : *Disque un peu plus large que long ; catopes étroites, surtout à leur extrémité antérieure, où elles s'écartent du disque ; et, de cette conformation, il résulte, à la base de la queue, une sorte d'étranglement ; spiracules à dentelures peu apparentes* ; *première épiptère étroite, haute, effilée, beaucoup plus grande que la seconde, et de dimensions plus considérables que chez aucune autre Torpille.*

L'animal est brun en dessus, avec de nombreuses taches blanches circulaires, beaucoup plus rares sur la queue. En dessous, la couleur est blanchâtre.

Quoique la Torpille que je rapporte à cette espèce ait été pêchée dans la Mer-Rouge, et non dans le Golfe-Persique, comme celle qui a été décrite par Kaempfer, les termes mêmes de sa description, et le dessin qu'il y a joint, sont si bien d'accord avec les caractères offerts par l'animal dont il s'agit, que cette détermination me paraît suffisamment exacte pour permettre de résoudre une question restée, jusqu'à ce jour, douteuse pour les Ichthyologistes.

Leurs doutes portent sur la place à assigner, dans les cadres zoologiques, à cette Torpille mentionnée par Kaempfer.

Ce célèbre voyageur, sans préciser exactement les motifs de son assertion, dit qu'elle paraît différer de l'espèce habituellement prise dans la Méditerranée.

Olfers, qui admet cinq *Variétés* de la *T. Marbrée*, la range dans la cinquième, dont le système de coloration, dit-il (loc. cit., p. 15), consiste en une teinte variant du blanchâtre au brun sale, et ornée de taches d'un brun sombre ou noirâtre. Il la nomme, à la suite des Torpilles figurées par Russel, et désignées par Shaw, sous les dénominations de *maculata* et de *bicolor*; mais il n'assimile cependant pas à ces dernières la *T.* de Kaempfer, dont il regarde le classement comme difficile.

M. Henle (*Ueber Narcine*, p. 51) en fait également le type d'une *cinquième Variété* de la *T. marbrée.*

Plus tard, dans la description systématique des Plagiostomes que ce naturaliste a donnée avec M. Müller, il est moins explicite, et ne cite qu'avec un point de doute la *Torpille du Golfe-Persique*, parmi les synonymes de la *T. marbrée*, et sans la rapporter spécialement à aucune variété.

Si cependant on considère que la *T.* de Kaempfer se distingue :

1° De toutes les espèces rangées dans ce genre, par le grand développement et par la forme allongée de la première épiptère ;

2° Des espèces dont elle se rapproche le plus, c'est-à-dire des *T. marbrée* et *panthère*, par l'éloignement qui se remarque entre le bord postérieur du disque et les catopes, et enfin, en raison même de cette disposition, par la largeur moins considérable de la base de la queue, on devra nécessairement reconnaître une espèce distincte dans la Torpille qui fait l'objet de cet article, et considérer la *T. du Golfe-Persique* comme représentée dans les Collections du Muséum par l'individu rapporté de la Mer-Rouge par M. Botta.

VI. Torpille de Nobili, *T. Nobiliana*, Ch. Bonaparte (*Fauna Ital.*, texte sans pagination, pl. sans numéro).

T. nobiliana, Müller et Henle (loc. cit., p. 128).

T. noire, *nigra*, Guichenot (*Explorat. scientif. de l'Algérie*, Poissons, 151, pl. 8 (1).

(1) A l'époque où parut la description des Poissons de l'Algérie, la T. de Nobili n'était pas connue à Paris. Depuis lors, un

Caractères : *Disque presque aussi long que large, à bord antérieur arqué, légèrement incisé au-devant de la terminaison antérieure des pleuropes ; yeux obliques, bordés d'un cercle blanchâtre ; spiracules à ouverture transversale, réniformes ; catopes à bord externe arrondi, étroits, surtout à leur extrémité antérieure, d'où résulte un écartement notable entre ces nageoires et les pleuropes, et une sorte d'étranglement à la base de la queue.*

Les épiptères sont obliques, étroites, falciformes ; l'uroptère est à peu près triangulaire ; son bord postérieur est oblique.

La couleur de toute la région supérieure est un brun profond, uniforme, avec des reflets d'un rouge de sang. L'auréole des yeux est d'un blanc sale. En dessous, l'animal est d'un blanc de lait, légèrement rosé, avec un ourlet brun sur tout le pourtour du disque et des catopes.

Les caractères qui distinguent cette espèce des autres Torpilles sont : la forme toute spéciale des spiracules, la direction et la grandeur des yeux, l'éloignement du bord postérieur du disque et des catopes, lequel établit surtout une différence avec les *T. marbrée* et *panthère*, et enfin le système de coloration.

M. le prince de Canino dit que la *T. de Nobili* est fort rare sur les côtes d'Italie, où, par cette raison, elle n'a pas reçu de nom vulgaire. Il ne l'a jamais vue vivante ; mais il fait observer, avec raison, qu'on ne peut pas douter qu'elle ne jouisse du même pouvoir que les autres Tor-

examen comparatif du spécimen de cette espèce, que le Muséum possède maintenant, et du type de l'espèce nommée par M. Guichenot *T. noire*, a engagé ce naturaliste à rapporter cette dernière à la *T. de Nobili*.

Tout, en effet, autorise cette fusion. Il n'y a d'autre dissemblance que la multiplicité des points blancs dont sont ornées les régions supérieures de l'individu pris sur les côtes d'Alger, et qui manquent sur l'autre échantillon beaucoup plus grand. Peut-être, au reste, n'est ce qu'une livrée de jeune âge.

pilles, puisque, comme celles-ci, elle est armée d'appareils électriques.

De toutes les espèces de ce genre, la *T. de Nobili* est celle qui atteint les plus grandes dimensions.

L'un des deux individus que renferment les Collections du Muséum dépasse, par sa taille, tous les autres représentants de la famille des Torpédiniens. L'autre spécimen, plus petit, et non adulte sans doute, est celui que M. Guichenot a rapporté des côtes de l'Algérie, et dont il a été question plus haut. (*Voir la note relative à la synonymie.*)

VII. TORPILLE OCCIDENTALE, *T. occidentalis* (1), H. Storer (*Amer. Journ. of arts and sciences.* Boston, 1843, t. XLV, p. 165, pl. 5, et *Synopsis of the fishes of N. Amer. in Mem. of Amer. Acad. of arts and sciences.* Boston, 1846, new series, t. II, p. 516).

Caractères : *Disque presque quadrangulaire, plus large que long, à bord antérieur légèrement concave, à bords latéraux à peine obliques, et à bord postérieur droit; catopes touchant au disque, d'une longueur double de leur largeur, et coupés obliquement d'avant en arrière, et de dehors en dedans; spiracules ovales, dirigés en dehors, non bordés de dentelures.*

Les dents sont petites, nombreuses, à base épaisse, et à extrémité pointue.

En dessus, l'animal est d'un brun foncé, avec quelques taches noires. En dessous, il est blanc.

Cette Torpille se distingue de toutes celles qui ont, comme elle, le disque plus large que long, par son pourtour beaucoup moins arrondi et assez analogue, jusqu'à un certain point, à un quadrilatère dont les côtés seraient très-inégaux, et les angles arrondis. La forme ovalaire des spiracules, et l'absence des tentacules à leur bord, sont des caractères non moins importants. Ces derniers, il est

(1) M. Storer a désigné ainsi cette espèce, parce qu'elle paraît être, jusqu'à ce jour, le seul représentant connu du genre Torpille sur la côte occidentale de l'Amérique du Nord.

vrai, la rapprochent de la *T. de Nobili*, mais elle s'en distingue, comme M. Storer lui-même l'a reconnu, non-seulement par la forme particulière du disque, mais aussi par celle des catopes qui touchent au bord postérieur des pleuropes par leur extrémité antérieure, tandis que, dans la *T. de Nobili*, ces nageoires s'écartent brusquement du disque.

La teinte violacée de la *T. occidentale* est, d'ailleurs, à ce qu'il paraît, beaucoup plus foncée que celle d'aucune de ses congénères.

Elle n'a jamais été adressée au Musée de Paris.

IIe GENRE. — NARCINE, *Narcine* (1), Henle (*Ueber Narcine eine neue Gattung electr. Rochen nebst einer Synops. der electr. Rochen*. Berlin, 1854, in-4°, avec 4 pl.).

Caractères : *Disque plus ou moins arrondi, ou elliptique, ou anguleux, non échancré au milieu de son bord antérieur, où, quelquefois même, il est proéminent ; spiracules finement dentelés, ou bien lisses, rapprochés des yeux ; des cartilages des lèvres ; bouche étroite, protractile, entourée par un repli circulaire de la peau, qui, remontant vers la valvule nasale, en constitue le frein ; dents disposées en quinconce, n'occupant pas toute la largeur de la fente buccale, et se recourbant, en dehors, sur le bord des mâchoires, de sorte qu'on voit une partie des dents lorsque la bouche est fermée ; une valvule labiale interne à la mâchoire supérieure seulement ; queue à peu près aussi longue que le disque ; deux épiptères, dont la première est plus petite que la seconde.*

Les caractères énoncés dans cette diagnose, et dont les principaux se tirent : 1° de la conformation de la bouche, 2° de la disposition des dents, et 3° du peu d'éloignement des spiracules et des yeux, sont tout-à-fait tranchés. Ils établissent une distinction, si facile à saisir, entre ce genre

(1) De νάρκη, torpeur, engourdissement. Ce nom a donc la même signification que celui de Torpille.

et le précédent, qu'il est inutile d'y insister et de les développer.

Quelques autres, cependant, peuvent être ajoutés pour compléter la description. Ils ont, d'ailleurs, été énumérés avec grand soin par M. Henle, dans le travail intéressant où il a fait connaître le genre dont il s'agit.

Ainsi, relativement au squelette, il y a quelques dissemblances dans la forme et dans le nombre des différentes pièces cartilagineuses dont il se compose (1).

Dans les Narcines, les mâchoires sont fortes, larges, peu courbées, et les dents sont fixées sur une plaque plus étroite que les arcs maxillaires. Chez les Torpilles, au contraire, les mâchoires sont étroites, minces, très-recourbées en avant, et les dents, qui leur sont parallèles, occupent toute la largeur de la fente buccale. — La première épiptère des Narcines est plus petite que la seconde, et située au-delà de la base des catopes.

(7 *espèces.*)

Les caractères d'après lesquels on peut distinguer ces espèces entre elles sont énoncés dans le *Tableau synoptique* n° 3.

1. Narcine brésilienne, *N. brasiliensis*, Henle (loc. cit., p. 31, tab. 1, fig. 1 et 2).

Torpedo brasiliensis, Olfers (loc. cit., p. 19, tab. 2, fig. 4).

Narcine brasiliensis, Müller et Henle (loc. cit., p. 129).

Caractères : *Disque à peu près elliptique, saillant en avant, à angle externe des pleuropes tout-à-fait arrondi, et couvrant, en arrière, le bord antérieur des catopes, dont la base est allongée, et l'angle externe mousse; yeux plus grands que les spiracules.*

Le bord postérieur des épiptères est convexe, et leur

(1) L'énumération de ces caractères serait trop longue ; ils ont été indiqués dans une analyse du travail de M. Henle (Ann. des Sc. nat., 2e série, t. II, p. 311).

bord antérieur droit. Le lobe médian de la valvule nasale est plus développé que les lobes latéraux.

MM. Müller et Henle admettent *trois Variétés* dans le système de coloration.

1re *Variété*. Teinte générale d'un brun foncé, avec les régions inférieures blanches, parfois tachées. On ne connaît, au Musée de Paris, que cette variété.

2e *Variété*. En dessus, des taches claires, surtout sur les pleuropes.

3 *Variété*. Sur un fond jaune, des points bruns, rangés, çà et là, en lignes ondulées.

Les jeunes sujets, comme le montrent ceux de la Collection, ont une livrée, consistant en taches blanches, occupant, sur le fond, des espaces de formes et de dimensions variables.

L'espèce se trouve non-seulement au Brésil, d'où Delalande et M. Gaudichaud en ont apporté plusieurs exemplaires, mais aussi à la Martinique et à la Guadeloupe, et même au Cap de Bonne-Espérance, comme l'ont appris les envois de MM. Plée, Garnot, Bauperthuis, Quoy et Gaimard.

II. Narcine Timlei, *N. Timlei*, Henle (loc. cit., p. 34, pl. 2, fig. 1).

Raja Timlei (1), Bloch., Schneider, p. 359).

Torpedo Timlei (*Species dubia*), Olfers (loc. cit., p. 22, tab. 2, fig. 3).

Narcine Timlei, Müller et Henle (loc. cit., p. 130).

(1) Ou *Pulli Timilei*. Schneider dit que c'est un nom Malais donné, selon ce que le Missionnaire John en a écrit à Bloch, à une Raie électrique, dont les décharges sont recherchées par les Indiens, comme moyen de guérison, lorsqu'ils sont atteints de paralysie, et dans quelques autres maladies. John ajoute que ce n'est pas sans d'heureux effets qu'ils en mangent la chair.

Quant à l'étymologie même du mot, Olfers explique (loc. cit., p. 23) que cette double dénomination malaise désigne un poisson merveilleux qui donne des secousses.

Caractères : *Disque à peu près elliptique, à angle externe des pleuropes tout-à-fait arrondi, éloigné, en arrière, du bord antérieur des catopes, qui forment, chacune, un triangle équilatéral, dont l'angle externe est pointu; yeux plus petits que les spiracules; uroptère basse et allongée.*

Les bords antérieur et postérieur des épiptères sont légèrement convexes, et leur angle supérieur est mousse.

Le caractère qui distingue surtout cette espèce de la précédente, et de toutes les autres Narcines, consiste dans la forme assez franchement ovalaire du disque, dont la moitié postérieure est à peine plus large que l'antérieure (1). — Du peu de développement des pleuropes en arrière, il résulte l'intervalle assez considérable, signalé plus haut entre le disque et les catopes, et que la direction oblique, en arrière et en bas, du bord supérieur de ces nageoires rend plus apparent encore.

Comparée à la *N. brésilienne*, celle-ci en diffère, en outre, par la longueur proportionnelle un peu plus considérable de la queue, dont la nageoire terminale est plus allongée et beaucoup moins haute, puis par la forme anguleuse des catopes, et enfin par la petitesse des yeux.

L'animal, en dessus, est brun, avec quelques taches.

Cette espèce est connue au Musée de Paris par un seul individu qui a été vu par MM. Müller et Henle. — Il a été adressé du Bengale par M. Bélanger.

III. Narcine indienne, *N. indica*, Henle (loc. cit., p. 55, tab. 2, fig. 2).

Narcine indica, Müller et Henle (loc. cit., p. 150).

Caractères : *Disque en forme de pentagone, dont les bords latéraux antérieurs se réunissent, par un angle peu saillant, aux bords latéraux postérieurs, qui sont plus courts et légèrement convexes ; catopes à angle externe aigu, longs, étroits, touchant en avant le disque, mais non recouverts par son*

(1) La figure donnée par M. Henle n'indique pas tout-à-fait assez cette conformation particulière.

bord postérieur ; spiracules elliptiques, plus grands que les yeux.

Les épiptères ne sont pas plus hautes que dans les autres espèces, mais elles paraissent plus considérables, parce que leur base est longue, et qu'elles offrent ainsi des dimensions assez grandes d'avant en arrière. Elles ont la forme d'un triangle dont l'angle supérieur est aigu.

Il est impossible de confondre cette espèce avec les précédentes, à cause de la forme du disque, surtout avec celle qui vient d'être décrite. Si, sous ce rapport, elle s'éloigne un peu moins de la première, elle en diffère cependant beaucoup par la petitesse comparative des yeux, par la largeur des spiracules, et par la saillie de l'angle externe des catopes, lequel est tout-à-fait mousse et arrondi chez la *N. brésilienne.*

La teinte générale est un brun jaunâtre tirant, en dessous, vers le blanc.

C'est de Pondichéry, que sont originaires les échantillons du Musée dus à Sonnerat et à M. Bélanger.

IV. Narcine maculée, *N. maculata*, A. Dum. — *Espèce nouvelle.*

Caractères : *Disque en forme de pentagone, dont les bords latéraux antérieurs se réunissent, par un angle peu saillant, aux bords latéraux postérieurs, qui sont plus courts que les antérieurs, et légèrement convexes ; catopes allongés, touchant en avant le disque, mais non recouverts par son bord postérieur, à angle externe peu saillant ; yeux grands, à diamètre presque égal à celui des spiracules ; seconde épiptère haute et étroite, à base courte, à angle supérieur aigu.*

Malgré l'analogie que la première partie de cette diagnose semble établir entre la nouvelle Narcine dont il s'agit et la précédente, on ne conserve pas le moindre doute sur leur non-identité, quand on tient compte :

1° Du volume des yeux ; — 2° de la forme de la seconde épiptère, qui diffère si notablement de celle de la nageoire correspondante de la *Narcine indienne ;* — 3° enfin, du système de coloration de la *Narcine maculée*, lequel consiste, comme son nom l'indique, en une multitude de petites taches brunes sur un fond d'un brun plus clair, où elles sont disposées, çà et là, et sur les catopes en particulier, en bandes irrégulières.

L'échantillon unique d'après lequel cette espèce est fondée a été recueilli à Java par MM. Kuhl et Van-Hasselt.

V. Narcine microphthalme, *N. microphthalma* (1), Valenciennes. — *Espèce nouvelle.*

Caractères : *Disque en forme de pentagone presque régulier, dont les bords latéraux se réunissent, par un angle bien apparent, aux bords latéraux postérieurs, qui sont à peu près égaux aux premiers, et non convexes ; catopes ne touchant pas le disque ; yeux beaucoup moins grands que les spiracules.*

Le caractère distinctif essentiel de cette Narcine se tire de la forme franchement pentagonale du disque, dont les bords latéraux postérieurs, contrairement à ce qui s'observe chez les deux précédentes, ne sont pas arrondis, mais, au contraire, sont rectilignes, et à peu près aussi longs que les antérieurs. — L'angle externe des pleuropes, sans être très-saillant, l'est cependant plus que chez ces dernières, où il est arrondi. C'est de la *Narcine indienne*, plus que de la *Narcine maculée*, qu'elle se rapprocherait par le petit diamètre des yeux ; mais elle s'en distingue, comme je viens de le dire : 1° par la forme du disque ; 2° par l'intervalle qui se remarque entre son bord postérieur et les catopes ; 3° par la forme de l'uroptère, qui est plus arrondie ; et 4° par celle des épiptères, dont l'angle supérieur est mousse.

Cette espèce a été fondée par M. le professeur Valenciennes, d'après un individu rapporté par M. Dussumier

(1) De μικρον, petit, et de οφθαλμον, œil. Ce nom indique très-bien l'un des caractères distinctifs de l'espèce ; ce n'est cependant pas celle où les yeux sont le plus petits ; car, chez plusieurs autres Narcines, ils ont le même diamètre que chez celle-ci.

de la Côte de Malabar. A ce TYPE, il faut joindre une autre Narcine pêchée dans la Baie de Pondichéry par Leschenault.

VI. NARCINE NOIRE, *N. nigra*, A. Dum. — *Espèce nouvelle.*

Caractères : *Disque presque circulaire, peu saillant en avant, ne recouvrant pas les catopes, dont l'angle externe est proéminent, et le bord libre très-oblique d'avant en arrière, et de dehors en dedans ; épiptères à angle supérieur arrondi ; uroptère basse et allongée ; lobe médian de la valvule nasale très-prononcé ; yeux plus petits que les spiracules.*

De toutes les Narcines, c'est à la suivante, puis à la *brésilienne*, que celle-ci ressemble le plus par la forme du disque ; mais aucune confusion n'est possible avec cette dernière : 1° en raison de la petitesse des yeux de cette nouvelle espèce, chez laquelle ils sont beaucoup moins grands que les spiracules, et 2° en raison aussi de la saillie formée par l'angle externe des catopes, et de l'obliquité du bord libre de ces nageoires.

Quant aux différences avec l'espèce suivante, la *N. macroure*, elles sont indiquées dans la description donnée plus loin.

La teinte noirâtre uniforme des régions supérieures a motivé la dénomination spécifique de cette Narcine, dont le Muséum ne renferme qu'un spécimen recueilli au Brésil par M. Claude Gay.

VII. NARCINE MACROURE, *N. macrura*, Valenciennes. — *Espèce nouvelle.*

Caractères : *Disque à peu près circulaire, ne recouvrant pas les catopes, qui ont peu de développement ; angle supérieur des épiptères mousse ; queue effilée, dont la longueur dépasse celle du disque de toute l'étendue de l'uroptère, qui est large et arrondie ; yeux plus petits que les spiracules.*

L'animal est brun en dessus, et blanchâtre en dessous.

Malgré le mauvais état de conservation de quelques-unes des parties de cette Torpille, on voit, par l'ensemble des caractères qui viennent d'être énoncés, qu'elle appartient à une espèce distincte.

Entre elle et la précédente, à laquelle elle ressemble surtout par la forme du disque, il y a des différences notables. Ainsi, dans la *N. macroure :* 1° le disque est plus arrondi ; — 2° la queue est un peu plus longue ; — 3° l'uroptère est beaucoup plus haute et plus courte, sa longueur ne dépassant pas sa plus grande largeur. Chez la *N. noire*, au contraire, le rapport entre ces deux dimensions est comme 2 est à 1.

Le spécimen qui a servi de TYPE à M. le professeur Valenciennes, pour la détermination de cette espèce, est unique dans les Collections de Paris. — Ce poisson a été pêché dans la mer des Indes.

IIIe Genre. — HYPNOS, *Hypnos* (1), A. Dum.

Genre nouveau.

Caractères : *Disque allongé, un peu échancré au milieu de son bord antérieur ; spiracules bordés d'une couronne de dentelures longues et nombreuses, très-rapprochés des yeux ; pas de cartilages des lèvres ; bouche semi-lunaire grande, non protractile ; dents pointues, ne dépassant pas le bord des mâchoires, dont elles occupent toute la longueur, et auquel elles sont parallèles ; frein de la valvule nasale fixé au bord anté-*

(1) Les effets produits par la décharge électrique des Poissons qui font l'objet de cette Monographie, ayant servi à désigner les deux genres précédents et le quatrième, nommés, par ce motif, Torpille, Narcine et Astrape, il m'a semblé convenable de ne pas m'écarter de ce système de nomenclature. J'ai donc choisi, pour cette nouvelle dénomination générique, le mot grec ὕπνος, qui signifie sommeil, assoupissement.

C'est également pour exprimer l'état d'engourdissement déterminé par la piqûre des Serpents venimeux, que les anciens avaient nommé l'un de ces Serpents ὑπναλῆ, désignation employée dans un sens plus précis par Merrem, qui s'est servi du mot *Hypnale* pour distinguer une espèce particulière de Trigonocéphale.

rieur de la lèvre supérieure; queue excessivement courte, ne dépassant le bord postérieur des catopes que de la longueur de l'uroptère qui est très-petite; deux épiptères, dont la première est moins grande que la seconde.

Le caractère essentiel de ce genre se tire de la brièveté si singulière de la queue. Il se distingue ainsi, et d'une façon très-remarquable, de toutes les autres Torpilles.

Il est, d'ailleurs, impossible de ne pas admettre la nécessité d'établir une nouvelle coupe générique dans la tribu des Torpédiniens, ainsi que je le propose, quand on voit l'impossibilité de placer soit auprès des Torpilles, soit auprès des Narcines, les deux poissons parfaitement semblables entre eux, que je rapporte à ce genre, en les rangeant dans une même espèce.

Si, par le peu d'éloignement des yeux et des spiracules, et par les dimensions de la première épiptère inférieures à celles de la seconde, le genre *Hypnos* se rapproche des Narcines, et diffère, par conséquent, des Torpilles, il ressemble à ces dernières, sous quelques rapports, et il est, par cela même, forcément séparé des Narcines. Ces points de ressemblance avec les Torpilles se trouvent dans la petite échancrure du bord antérieur du disque, dans la conformation de la bouche, qui n'est pas protractile, et dans la disposition des dents, qui occupent toute la longueur des arcs maxillaires, et n'en dépassent pas le bord.

Espèce unique.

HYPNOS NOIRATRE, *H. subnigrum*, A. Dum. — *Espèce nouvelle.* — (Voir la planche)

Caractères : *Disque plus long que large, à bord antérieur échancré au milieu, et réuni, par des angles arrondis, aux bords latéraux qui sont un peu sinueux, et obliquement dirigés d'avant en arrière, et de dehors en dedans; catopes larges, arrondis, à peine resserrés à leur extrémité antérieure, et se continuant, par leurs bords latéraux, au-delà de ce petit étranglement, avec le pourtour du disque ; épiptères très-*

rapprochées l'une de l'autre, insérées au-devant du bord terminal des catopes ; spiracules circulaires, à bords dentelés, plus grands que les yeux.

Les chiffres qui suivent montrent combien est extrême la brièveté de la queue, et particulièrement de sa portion située au-delà des catopes. Ainsi, la longueur du disque, jusqu'au commencement des catopes, est de 0 m. 085 ; celle de ces nageoires est de 0 m. 045, et l'extrémité terminale et libre de la queue n'est longue que de 0 m. 015.

La couleur, en dessus, est un brun noirâtre foncé ; les régions inférieures sont blanches, et bordées de brun.

Les deux individus parfaitement semblables entre eux, et qui représentent au Musée de Paris cette espèce et ce genre inédits, ont été rapportés de Sidney (Nouvelle-Galles du Sud), par M. J. Verreaux, qui a enrichi les Collections de tant d'animaux rares et curieux du Continent austral et de la Tasmanie.

Deuxième Groupe. — Une seule épiptère : **un Genre.**

IVe Genre. — Astrape, *Astrape* (1), Müller et Henle (loc. cit., p. 130).

Caractères : *Disque arrondi, non échancré au milieu de son bord antérieur; spiracules à bords non dentelés, rapprochés des yeux ; bouche étroite, protractile, entourée par un repli circulaire de la peau uni à la valvule nasale par un frein cartilagineux cylindrique* ; *dents n'occupant pas toute la largeur de la fente buccale, et dépassant à peine le bord des mâchoires, dont l'une et l'autre portent une valvule labiale interne ; une seule épiptère.*

C'est surtout du genre Narcine que celui-ci se rapproche par la conformation de la bouche, et par le peu d'éloi-

(1) De ἀστραπή, éclair, comme synonyme de foudre, à cause des effets produits par la décharge de l'appareil électrique, et qu'on a comparés à ceux du foudroiement. — Le nom d'Astrapée, de ἀστραπαῖος, qui lance des éclairs, avait été donné par Gravenhorst au Staphylin de l'Orme (coléoptère pentamère).

gnement des yeux et des spiracules. Il s'en distingue cependant, de la façon la plus nette, par la présence d'une seule épiptère, par le peu de proéminence des dents au-delà du bord des arcs maxillaires, et enfin par sa double valvule labiale interne.

Classés d'abord parmi les Narcines, par M. Henle (*Ueber Narcine*, p. 56), mais comme constituant une division à part, les Astrapes ont pris, dans la description systématique qu'il a faite en commun avec M. Müller (p. 130), le rang de genre qui doit leur être conservé.

(2 *espèces*.)

I. Astrape du Cap, *A. Capensis*, Müller et Henle (loc. cit., p. 130).

Depuis longtemps connu sous le nom du pays d'où il provient, ce poisson a été successivement rangé, avec l'épithète de *Capensis*,

1° Dans le genre *Raie*, par Gmelin, dans son édition de Linné, t. I, p. 1512 ;

2° Par Schneider, dans le même genre, dans son édition de Bloch, p. 360 ;

3° Dans le genre *Torpille*, par Olfers (*die Gattung Torp.*, p. 23, pl. 2, fig. 1) ;

4° Plus tard, dans le genre *Narcine*, par M. Henle (loc. cit., p. 56, pl. 3, fig. 1 et 1 *a*) ;

5° Et enfin dans le genre *Astrape*, par MM. Müller et Henle.

Caractères : *Disque elliptique selon son diamètre transversal, couvrant, par son bord postérieur, le commencement des catopes, qui sont grands et arrondis* ; *épiptère insérée en deçà de leur extrémité terminale ; queue plus courte que le disque, plus charnue que celle des Narcines.*

Il faut ajouter, pour compléter cette description, que la valvule nasale est découpée au milieu ; que la valvule labiale interne a un appendice médian cartilagineux, ainsi que l'inférieure, où il est à trois lobes.

La teinte générale de la région supérieure est brune.

1re *Variété.* Cette teinte est uniforme.

2e *Variété.* Elle est relevée de taches, dont les unes sont d'un brun jaunâtre, et les autres d'un brun plus foncé.

En dessous, l'animal est d'une couleur plus claire.

II. Astrape dipteryge, *A. dipterygia* (1), Müller et Henle (loc. cit., p. 131).

Astrape dipterygia, Cantor (*Catalogue of Malayan fishes. — Journ. of the Asiatic society of Bengale.* October to december, 1849, p. 1401).

Caractères : *Disque arrondi, aussi long que large, un peu plus court que la queue, couvrant le bord antérieur des catopes, dont l'angle externe est aigu, surtout dans le jeune âge, et dont le bord postérieur est concave; valvules labiales internes à base plus étroite que leurs prolongements; yeux beaucoup plus petits que les spiracules.*

M. Cantor décrit ainsi, d'après nature, le système de coloration : En dessus, l'animal est d'un vert grisâtre foncé, avec une grande tache ronde, blanchâtre, de chaque côté, sur le bord postérieur du disque; la moitié antérieure des catopes est blanchâtre, et chacune d'elles porte, en arrière, une tache ronde blanche. Une tache semblable se voit, à droite et à gauche, sur la base de l'uroptère, qui est d'un brun noirâtre ou noire, ainsi que l'épiptère. Les régions inférieures sont blanchâtres. L'iris est doré, et le fond de l'œil, qu'on voit à travers l'ouverture circulaire de la pupille, est noir.

Cette espèce n'existe pas au Musée de Paris. L'exem-

(1) De δίς, deux, et de πτέρυξ, nageoire. Schneider, qui a, le premier, décrit l'espèce qui fait l'objet de cet article, dans le genre Raie (Bloch, p. 359), lui a donné ce nom parce que, dans son énumération des nageoires, dont le nombre lui sert comme moyen de classification, il ne compte pas seulement l'épiptère, mais aussi l'uroptère. — C'est ainsi qu'il dit de la Narcine Timlei, par exemple, qui a deux épiptères, comme toutes les Narcines, qu'elle porte trois nageoires (*tripinnata*).

plaire conservé dans l'alcool, à Berlin, et provenant de la collection de Bloch, à qui il a servi de type, est cité comme le seul représentant connu en Europe de l'espèce qu'Olfers, puis M. Henle, avaient d'abord considérée comme douteuse. La conformation du disque et des catopes est cependant un caractère extérieur très-tranché, qui éloigne ce poisson de son congénère.

M. Cantor nous apprend qu'on le pêche dans la mer de Pinang, dans la presqu'île de Malacca, dans les îles du groupe de Lankava et à Singapoure, et que des individus se rencontrent, en toute saison, dans le Détroit de Malacca.

TROISIÈME GROUPE. — Pas d'épiptère : UN GENRE.

Ve GENRE. — TÉMÉRA, *Temera* (1), Gray (*Zool. miscell.*).

Caractères : *Disque, bouche et queue comme dans le genre Astrape; spiracules rapprochés des yeux; queue très- courte; pas d'épiptère.*

Ce dernier caractère est le plus important, en ce qu'il n'appartient à aucun autre poisson de la Tribu des Torpédiniens.

I. TÉMERA DE HARDWICK, *T. Hardwickii*, Gray (loc. cit., p. 7, et *Ind. zool. Illustr.*, pl. 102).

Temera Hardwickii, Müller et Henle (loc. cit., p. 131, pl. 60, fig. pour la bouche et les dents).

Temera Hardwickii, Cantor (loc. cit., p. 1402, pl. 12 pour les appareils électriques et le système nerveux, et pour le Cystocerque du *Temera*, petit entozoaire invisible à l'œil nu, très-commun chez ce poisson, et qui se déve-

(1) M. Gray a emprunté cette dénomination du mot indien *Temeree*, par lequel Russel a désigné les Torpilles dont il a donné les représentations. Olfers (loc. cit., p. 17) dit qu'il signifie *qui brille, qui lance la foudre*; que, d'ailleurs, il se rapproche assez du mot Timlei, et sert peut-être simplement, comme celui-ci, à désigner un poisson merveilleux ou en quelque sorte fabuleux.

loppe dans le tissu cellulaire, et même dans les appareils électriques).

Caractères : *Disque grand, plus long que large, ne recouvrant pas les catopes, qui sont arrondis ; valvules labiales internes à bords festonnés; à la supérieure, un lobe médian, entouré par deux prolongements latéraux de la valvule inférieure.*

Le système de coloration présente deux *Variétés :*

1° Dans l'une, l'animal est, en dessus, d'un brun jaunâtre, et le bord des spiracules est d'une couleur de chair.

2° Dans l'autre *Variété*, il y a des taches blanches, irrégulières, sur le disque et sur la queue.

Les Collections de Paris ne renferment pas cette espèce, qui ne se trouve qu'au Musée Britannique.

M. Cantor dit que ce poisson est très-commun, en toute saison, dans le détroit de Malacca.

Ce naturaliste a donné des détails intéressants sur l'appareil électrique, sur le système nerveux et sur les viscères de ce Torpédinien.

A la description des différentes espèces de la Tribu des Torpédiniens vivant actuellement dans nos mers, il faut ajouter l'indication d'une Torpille fossile. Ses empreintes, dont on possède de très-beaux échantillons dans la riche Collection paléontologique du Muséum, proviennent du Mont-Bolca, près Vérone, si célèbre par le grand nombre de Poissons perdus qu'il contient.

Quelques doutes restent encore, parmi les géologues, sur l'âge précis du terrain auquel appartiennent les couches fossilifères du Mont-Bolca. Suivant l'opinion la plus généralement adoptée, cependant, elles doivent être considérées comme faisant partie des couches les plus inférieures des terrains tertiaires, ou comme constituant un terrain intermédiaire à ceux-ci et aux terrains crétacés.

La Torpille fossile est un des représentants les plus remarquables du grand groupe des Poissons fossiles que

M. Agassiz nomme Placoïdes, et qui correspond à celui des Chondroptérygiens ou Chondrichthes.

Volta (*Ittiolitologia Veronese*, Verona, 1796-1809) a fait connaître cette Torpille (p. 251) sous le nom de *Raia Torpedo*, et il l'a représentée (pl. 61) de grandeur naturelle.

En raison de ses grandes dimensions, car elle a près d'un mètre de long, Olfers a proposé la dénomination de *T. gigantea* adoptée par M. Agassiz, de préférence au nom de *Narcobatus giganteus* que de Blainville lui avait donné.

La conformation générale si caractéristique des Poissons compris dans les différents genres dont l'ensemble constitue la Tribu des Torpédiniens est trop évidente dans les débris du Mont-Bolca, pour qu'il puisse rester aucun doute sur le rang qui doit être assigné à cet ichthyolite dans la grande famille des Rajides (Raies).

La présence des deux épiptères démontre qu'il faut la placer dans le premier groupe, formé par les genres Torpille et Narcine, et la première l'emportant un peu sur la seconde par ses dimensions, on acquiert la preuve que les restes dont il s'agit ont appartenu à une véritable Torpille. La détermination ne peut aller au-delà : il n'est pas possible de préciser les caractères de cette espèce.

Pour tout ce qui se rapporte aux notions qu'on possédait dans l'antiquité sur les Torpilles, on peut consulter la savante dissertation d'Olfers, dont le nom, ainsi que celui de M. Henle, se rattache de la façon la plus remarquable à la question d'ichthyologie qui fait l'objet de cette Monographie.

La *planche* ci-jointe représente l'Hypnos noirâtre, *Hypnos subnigrum*, A. Dum., réduit d'un cinquième, et vu en dessous, et en partie en dessus, afin qu'on puisse apprécier les caractères tirés des spiracules et des épiptères. La bouche a été amplifiée, pour montrer la disposition des dents, dont une est dessinée isolément.

TABLE.

Paris. — Imp. Simon Raçon et Cie, rue d'Erfurth, 1.

www.ingramcontent.com/pod-product-compliance
Ingram Content Group UK Ltd.
Pitfield, Milton Keynes, MK11 3LW, UK
UKHW020217200726
13856UKWH00004B/1444